手ぬぐいスタイルブック

かわいくて楽しい85の使い方

TENUGUI STYLE BOOK

君野倫子

二見書房

はじめに

手ぬぐいを使い始めて18年になります。コレクションしてしまいこむのではなく、実際に使うので、手ぬぐいは私の生活の一部になっています。使っているうちに風合いがよくなり、なんとも愛おしくなるのです。でも、手ぬぐいは夏のモノと思っている方がまだまだいらして、使い方がわからない方が多いのだなと感じます。私たちの生活はすっかり洋式化し、昔のように、お母さんが掃除のときに頭にかぶるという時代でもありません。今の生活に合ったデザインや使い方をご紹介することで、あらためて手ぬぐいを使う楽しみを知っていただけたらうれしいです。

君野倫子

(クマゲラの鳴く森柄 nte)

CONTENTS

はじめに…2

> インテリア

1 ファブリックパネルにして飾る…6
2 タペストリー棒にかけて飾る…8
3 小さな額に入れて飾る…9
4 額に入れて飾る…9
5 柄で季節を楽しむ…10
6 簡単手作りのれん…11
7 引っかけるだけのれん…11
8 ランプシェード…12
9 パソコンカバー…13
10 かごの目隠し…13
11 家電のほこりよけ…13
12 クッションのイメチェン…14
13 簡単手作りクッションカバー…14
14 キャンドルホルダーに巻いて…14
15 プランターカバー…15
16 プランターマット…15

> キッチン

17 テーブルコーディネートに活躍…18
18 テーブルランナー…20
19 テーブルナプキン①…21
20 テーブルナプキン②…21
21 テーブルナプキン③…21
22 おしぼり…22
23 野菜や食器の水切り…22
24 ふきん…22
25 野菜や食器のほこりよけ…23

包む

- 26 カトラリーケース…26
- 27 ペットボトルホルダー…28
- 28 お弁当包み①…29
- 29 お弁当包み②…29
- 30 花包み…30
- 31 フルーツ包み…30
- 32 ハーブを包む…30
- 33 ボトル包み①…31
- 34 ボトル包み②…31
- 35 ボトル2本包み…31
- 36 リボン付きボトル包み…31
- 37 2個包み…32
- 38 ポケットティッシュカバー…32
- 39 ティッシュボックスカバー…32
- 40 ブックカバー…33

ファッション&ビューティ

- 41 トートバッグを作る…36
- 42 あづま袋を作る…38
- 43 巾着袋を作る…38
- 44 カフェエプロン…39
- 45 ヘアバンド…40
- 46 リボンのヘアバンド…40
- 47 手ぬぐいキャップ…40
- 48 頭に巻いて…41
- 49 ベビースタイ…41
- 50 スカーフ①…42
- 51 スカーフ②…43
- 52 スカーフ③…43
- 53 スカーフ④…43
- 54 スカーフ⑤…43
- 55 手ふきタオル代わり…44
- 56 ハンカチ代わり…44
- 57 浴用タオル代わり…44
- 58 手ぬぐい洗顔…45
- 59 ペットのおしゃれ…45
- 60 手ぬぐいヨガ…46

君野倫子的使い方

78 子育てに…62
79 雨の日に…62
80 旅行に…63
81 着物に…63
82 歌舞伎に…63
83 小物を手作り…64
84 コレクションして楽しむ…64
85 最後は雑巾に…64

知っておきたい手ぬぐいのこと…65

HOW TO…67

◆手ぬぐい図鑑

乙女ちっく…16
スイーツ…24
ご当地もの…25
動物たち…34
彼にプレゼント…48
縁起もの…60
面白もの…61

問い合わせ先…79

贈る

61 手ぬぐい花を贈る…50
62 母の日…52
63 父の日…52
64 お年賀…53
65 引っ越しのご挨拶…53
66 ご祝儀袋…53
67 出産のお祝い…54
68 結婚式の席札…55
69 オリジナル手ぬぐい…55
70 名入れ手ぬぐい…55

防災&救急

71 防災拭い…56
72 マスク…58
73 包帯…58
74 三角巾…58
75 アイピローケース…59
76 携帯用カイロを巻く…59
77 保冷剤を巻く…59

本文末尾のカッコ内は、(手ぬぐいの名前 🏠メーカーやお店の名前)です。

I…IKS、麻…麻布十番 麻の葉、鎌…nugoo 拭う鎌倉、気…気音間、京…京朋、s…soi、安…染の安坊、て…てぬコレ、に…にじゆら、濱…濱文様、梨…梨園染

＊本書の情報は2014年5月現在のものです。

INTERIOR

インテリア

和も洋も関係なく、好きな色柄を目で楽しむ。季節の移り変わりを感じる。部屋の模様替えをするように、気分転換に手ぬぐいを替える。手ぬぐいはカジュアルなアートです。お部屋のインテリアに気軽に活用してみませんか？

① ファブリックパネルにして飾る

発砲スチロールの板をくるんでしまえば、手ぬぐいの大きさそのままでファブリックパネルに。1枚、2枚、3枚、縦や横など、いろいろ組み合わせて楽しめます。(左から、くだもの🏠に、ひょうたん🏠に)

HOW TO ▶ P.67

② タペストリー棒にかけて飾る

専用のタペストリー棒を、手ぬぐいの端と端に挟むだけで、壁に飾ることができます。タペストリー棒は手ぬぐいショップなどで販売されています。（パズル 🏠 に）

ジグソーパズルのピースがモチーフの手ぬぐいは、お部屋を明るくポップにしてくれます。

③ 小さな額に入れて飾る

たたんで小さな額に入れて飾ると、玄関などのちょっとしたアクセントに。季節感のある柄を使って、小物を添えれば、四季の移り変わりも感じることができます。(クリスマス🏠梨)

④ 額に入れて飾る

一枚絵になった手ぬぐいを専用の額に入れると、手ぬぐいは白いキャンパスに描かれたアートだな、と実感するはず。(干支 午 🏠に)

⑤ 柄で季節を楽しむ

日々忙しさに追われていると、季節を感じる心の余裕を見失いがち。四季折々、伝統行事の柄の手ぬぐいで、心にうるおいを。

（上段左から、お正月 🏠梨、梅文様 🏠梨、ひなあられ 🏠梨、花見弁当 🏠安。下段左から、願い笹 🏠気、水中花火 🏠気、魔女のハロウィン 🏠安、銀杏文様 🏠梨）

⑥ 簡単手作りのれん

朝顔と朝顔のシルエット。まるで本当にすだれがかかっているみたい。こうして手ぬぐい2枚で、ちょうどのれんの大きさになります。日本には「衣がえ」という習慣がありますが、衣類だけでなく、夏にはのれんやすだれなど、調度品も替えたものでした。片方の端をざくざく縫って、つっぱり棒を使えば簡単のれん！ 飽きたらほどいて、また手ぬぐいとして使いましょう。（左から、影簾🏠気、朝の宝石🏠気）

HOW TO ▶ P.67

⑦ 引っかけるだけのれん

両面テープを使ったり、シャワーカーテン用のピンチで手ぬぐいを挟んで突っ張り棒に通せば、ぬう必要もありません。

⑧ ランプシェード

光を通して手ぬぐいの色柄を見ると、また違った美しさを発見することができます。ランプシェードに巻きつけていくだけなので、いろいろな手ぬぐいでランプの光を楽しんで。（私物・枝梅／濱）

HOW TO ▶ P.68

⑨ パソコンカバー

パソコン画面の目隠しや、パソコンを閉じたときのほこりよけ、デスクトップ用のキーボードのほこりよけに。(丸めがね 🏠 I)

⑩ かごの目隠し

部屋の片隅に、お気に入りの柄が視界に入るだけで気分がいいもの。雑然とした部分の目隠しに大活躍です。(Scotland 🏠 に)

⑪ 家電のほこりよけ

こまめにふき掃除をしていても、すぐほこりがかかってしまう家電製品や棚の上などにかけておきましょう。(キッチン 🏠 I)

⑫ クッションのイメチェン

ちょっと飽きてしまったクッションに巻くだけで、お部屋の雰囲気が一新！左のクッションは、手ぬぐいで覆って根本をゴムでしばり、花びらのように開いただけ。(星空 🏠梨)

⑬ 簡単手作りクッションカバー

少し小ぶりのクッションに、手ぬぐい1枚を2つに折って作る簡単クッションカバーを。インテリアファブリックとして選んでみると、また違う魅力を感じます。(ちょうちょ 🏠に)

⑭ キャンドルホルダーに巻いて

ガラス入りのキャンドルに巻いたり、折り方を工夫してリボンで結べば、キャンドルホルダーに。キャンドルの火が手ぬぐいに当たらないように、低めに巻くのがポイント。(左から、losange 🏠に、シロツメクサ 🏠麻)

⑮ プランターカバー

手ぬぐいをプランターカバーとして使えば、お部屋やベランダに彩りが。ポインセチアのような季節の花には、クリスマスの柄を使ってもいいですね。(左から、豆絞りエメラルド 🏠 I、七宝 🏠 I)

> 豆絞りや七宝のような伝統文様も、こんなにポップでキュートな色なら使いやすい。

⑯ プランターマット

お部屋に飾る観葉植物やお花には、プランターマットとして手ぬぐいをどんどん使いましょう。汚れたり、ぬれたりしても、洗うだけなのでお手入れも簡単です。(Holland 🏠 に)

> オランダの木靴がモチーフの個性的な1枚。

手ぬぐい図鑑
TENUGUI PICTORIAL BOOK

乙女ちっく

1. 風と水のある家柄 🏠て
2. ツバメの観天望気 🏠て
3. ミント 🏠鎌
4. 喫茶にじゆら 🏠に
5. 回転木馬 🏠梨
6. 三つ葉 🏠安
7. お化粧 🏠s
8. SAM #1 🏠s
9. ピアノ 🏠に
10. クレマチス 🏠麻
11. La France 🏠鎌
12. マトリョーシカ 🏠I
13. 蓮花 🏠気
14. 鍵 🏠梨
15. 森の中 🏠に

No.1

No.2 P.29で使用

No.3

ミントの色がさわやか。

No.4

No.5

No.6

No.7

ドレッサーまわりで使いたい。

KITCHEN

キッチン

キッチンには手ぬぐいを常備しています。吸水性があって、すぐ乾いて、大きさも自由自在な手ぬぐいはキッチンで本領発揮です。キッチンの布モノは全部、手ぬぐいでOK！

(17) テーブルコーディネートに活躍

パタパタと折り紙みたいに折って、ココットにさわやかな彩りを添えてみました。テーブルマットやティーマット、ナプキンの色をそろえて、手ぬぐいでトータルコーディネートしてもステキです。(すずみ に)

HOW TO ▶ P.68

⑱ テーブルランナー

テーブルに手ぬぐいをそのまま広げるだけで、あら不思議。ステキな空間に。急な来客に、お友達が来たときに、ササっとできるおもてなし。(hand flower spring 🏠鎌)

おだんごがつながった和柄なのに、不思議とモダンに見えてしまう。(私物・三つ玉つなぎ 🏠濱)

⑲ テーブルナプキン①

ナプキンとして使うときも、折り方を工夫すれば、さらに楽しい演出ができます。パーティに華やかさをプラスしたいときは、ピーコックみたいな折り方で。ピンクのハートのグラデーションがきれいに出ます。（ハート絞り 🏠鎌）

HOW TO ▶ P.69

⑳ テーブルナプキン②

気軽なティータイムやカジュアルなお食事には、クルクルとお花のように巻いて。巻いたときの色の出方と広げたときの柄とのギャップが目に楽しく、お客さまに二度喜んでいただけます。（La France 🏠鎌）

HOW TO ▶ P.69

㉑ テーブルナプキン③

かわいいリボンのナプキンは、女子会や子どものパーティに。華やかでテンションが上がります。（左奥はRetro Fleur、右奥と手前はRetro Garden 🏠京）

HOW TO ▶ P.70

(22) おしぼり

タオルのおしぼりは白が一般的ですが、手ぬぐいなら色とりどりに。カラフルで心躍ります。（手前から、地色豆絞り、市松ブルー、豆絞りグリーン、市松パープル 🏠すべてI）

(23) 野菜や食器の水切り

洗った食器や野菜を手ぬぐいの上に置けば、サッと水分を吸収してくれます。しまうときに余分な水分をぬぐうのにも、そのまま使えるので便利。（野菜 🏠麻）

(24) ふきん

もちろん新品の手ぬぐいをふきん用に用意してもいいけれど、私は使いこんだ手ぬぐいを台ふきんにしたり、半分に切ってふきんにしたりしています。

25 野菜や食器のほこりよけ

野菜や食器、食材の入ったカゴの中身をかわいい手ぬぐいで隠すだけで、雑然としがちなキッチンもすっきり。(ボタン 🏠 に)

手ぬぐい図鑑
TENUGUI PICTORIAL BOOK

スイーツ

1. 苺赤 🏠梨
2. クッキー 🏠梨
3. キャンディ 🏠梨
4. チョコレート 🏠梨
5. プリン 🏠梨
6. カフェ 🏠梨
7. 私物

No.1

No.2

No.3
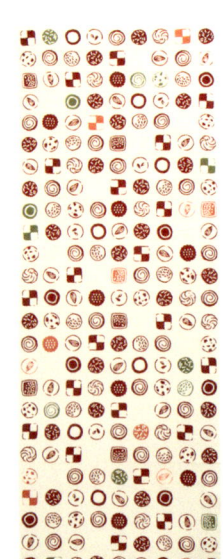

No.4

No.5

No.6

No.7

チョコを贈るドキドキが伝わってくる♡

泳ぐたい焼きたち。

ご当地もの

1. Sweden 🏠 に
2. 大仏小紋 🏠 鎌
3. KUNITACHI 🏠 て
4. TACHIKAWA 🏠 て
5. HARAJUKU 🏠 て
6. Bhutan 🏠 に
7. 富士山 🏠 鎌

伝統の民芸品「ダーラナホース」がモチーフ。

国立名物、新旧いろいろ。

No.1

No.2

No.3

No.4
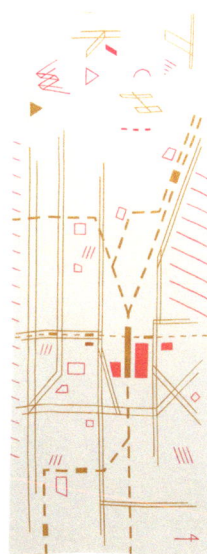

No.5
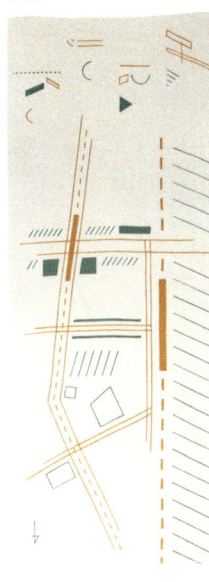

No.6

No.7

ブータンの民族衣装のイメージ。

WRAP
包む

1枚の布きれで、いろんなものを包むのは楽しいもの。「包む」という行為は、創意工夫、繊細さ、器用さ、相手を思いやる気持ちなどがこめられた、とても日本らしい文化です。贈り物の中身だけでなく、ラッピングの手ぬぐいも使ってもらえるのがエコ。

26 カトラリーケース

手ぬぐいのよいところは、工夫次第でいろいろなものを包めること。ピクニックやお出かけのときにカトラリーをくるんで運び、食事のときにはポケットができるようにたたんで、ナプキン兼用として使えます。（左から、檸檬🏠鎌、お茶🏠Ⅰ、いちご🏠Ⅰ、マトリョーシカ🏠Ⅰ、みかん🏠梨）

HOW TO ▶ P.70

㉗ ペットボトルホルダー

ペットボトルが汗をかいてぬれたままバッグにしまいたくない方にオススメです。取っ手があるので、バッグの中から取り出しやすいのも便利。(瓢箪 🏠 鎌)

1.表を裏にして広げ、左端を数センチ折る。

2.キャップの下で結び、ボトル全体を包む。

3.余っている部分をくるくるとねじって立てる

4.ねじった部分を結び目の上に重ねて結ぶ。

5.さらに残った部分をねじって、持ち手部分に巻きつける。

6.ほどけないように端を巻きこんで、できあがり。

㉘ お弁当包み①

お弁当を包んだ手ぬぐいを開くと、そのままナプキンとしてひざにかけて使えます。(奥・GARDEN TREE 🏠 に)

㉙ お弁当包み②

大柄の手ぬぐいや、真ん中から左右色違いの手ぬぐいを使うと、柄がわからなくても、結んだときの色の出方を楽しめます。(手前・ツバメの観天望気 🏠 て)

1. 真ん中より左寄りにお弁当箱を置いて包む。

2. 片方が長くなるようにひと結びする。

3. 長いほうをきれいに折りたたむ。

4. 短いほうを向こうから持ってきて、挟みこむ。

(30) 花包み

プレゼントの大きさによって、ひだの大きさを調整できる、華やかな花包み。(綿毛 🏠麻)

HOW TO ▶ P.71

(31) フルーツ包み

オレンジなどの丸いフルーツを手ぬぐいで包んで手土産にしたら、間違いなく喜ばれそう!(夏みかん 🏠気)

HOW TO ▶ P.71

(32) ハーブを包む

手ぬぐいをたたんでポケットを作って、ハーブやサシェを入れ、ベッドサイドに置いたり、タンスの引き出しにも。(いえいえ 🏠s)

HOW TO ▶ P.70(カトラリーケースと同じ包み方)

(33) ボトル包み①

せっかくのプレゼントなのに、ラベルが見えなくなってしまうのは残念。ラベルの部分を見せる包み方でリボンやお花を添えて。（ノースポール 🏠鎌）

HOW TO ▶ P.72

(34) ボトル包み②

ベーシックなボトル包み。パーティの差し入れなどに。（市松グリーン 🏠I）

HOW TO ▶ P.72

(35) ボトル2本包み

ワインボトルを2本包みたいときは、長めの手ぬぐいを斜めに使って長く取りましょう。ワインに限らず、小瓶やペットボトルなどの2本包みもできます。（さくら 🏠梨）

HOW TO ▶ P.71

＊梨園染の手ぬぐいはほかのメーカーより少し長いので、ワインの2本包みが可能です。ペットボトルの2本包みなら、どこのメーカーのものでもOKです。

(36) リボン付きボトル包み

ボトルを包んで、そのままでももちろんOKですが、プレゼントするなら、ボトルネックのところにリボンや水引などをプラスして華やかな印象に。（ワイン 🏠鎌）

㊲ 2個包み

同じ大きさのものを2つ一緒にラッピングする方法。工夫次第でいろいろなものが包めそう。（フラガールズ 🏠鎌）

HOW TO ▶ P.73

㊳ ポケットティッシュカバー

街でもらうポケットティッシュって、広告が気になりますね。手ぬぐいを折ってポケットティッシュカバーを作りましょう。（ミルクキャップ 🏠に）

HOW TO ▶ P.73

㊴ ティッシュボックスカバー

お部屋に季節感を出すいちばん簡単な方法がコレ。季節ごとにティッシュボックスを着替えましょう。（夏あじさい 🏠に）

HOW TO ▶ P.74

(40) ブックカバー

読んでいる本に合わせて手ぬぐいを選ぶのも楽しいもの。新書も単行本も文庫も大きさを調整できます。おせんべいとお茶柄のブックカバー、本当にお茶を飲みながら、ほっこり本が読みたくなります。(上から、本🏠I、おせんべい🏠梨、さくら猫🏠気)

HOW TO ▶ P.74

手ぬぐい図鑑
TENUGUI PICTORIAL BOOK

動物たち

1. イヌ市松 🏠麻
2. おすもうパンダ 🏠鎌
3. 浮き玉金魚 🏠気
4. カエルの遊び場 🏠鎌
5. イルカ 🏠鎌
6. 桜と犬 🏠麻
7. ブンチョウ 🏠鎌
8. さくら猫 🏠気
9. ひよこ 🏠梨
10. めだか睡蓮 🏠気
11. 夏の散歩 🏠気
12. MarineDive 🏠気
13. womb 🏠に
14. クマゲラの鳴く森柄 🏠て
15. GARDEN TREE 🏠に

No.1　*No.2*　*No.3*

パンダってお相撲さん体型だった！

No.4　*No.5*　*No.6*　*No.7*

ゆううつな梅雨時を楽しくしてくれます。

No.8　　　P.33で使用　　No.9　　　　　　　No.10　　　　　　　No.11

No.12　　　　　　　No.13　　　　　　　No.14　　　　　　　No.15

ダイビングした気分で美しい海の底を。

35

| FASHION & BEAUTY |

ファッション＆ビューティ

かぶったり、巻いたり、バッグを作ってみたり……こんなにたくさんの色柄があるのだから、もっともっとファッションの中に取り入れてもいいと思うのです。そして、手ぬぐいを使って、キレイになることだってできるのです。

㊶ トートバッグを作る

1枚の布として手ぬぐいを見れば、創作意欲がわいてきます。このトートバッグは、2枚の手ぬぐいを使ってリバーシブルで使うことができるすぐれもの。柄の組み合わせを考えるのも楽しい。（左から、雨降り🏠気、Sewing Set🏠気）

HOW TO ▶ P.75

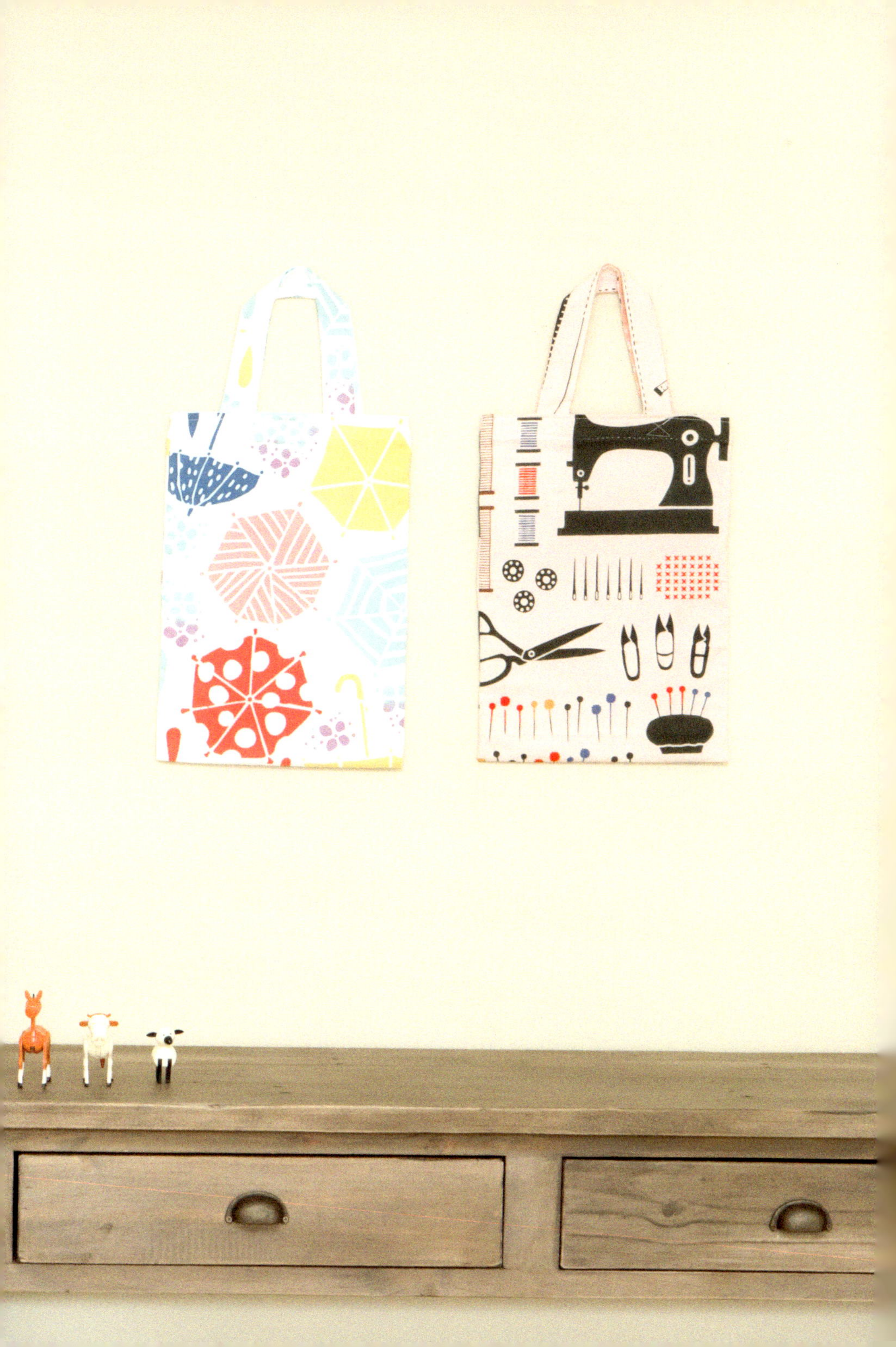

右のあづま袋はマチを作って、飾りボタンをつけています。縫い目に沿って、色糸でステッチをしてもかわいい。

㊷ あづま袋を作る

びっくりするほど簡単に作れるので、いくつも作ってしまいます。たたんでしまえば小さくなるので、サブバッグにもなって便利です。(ともに私物)

HOW TO ▶ P.74

㊸ 巾着袋を作る

小さいものを仕訳するのに、いくつあっても便利な巾着袋。私は、お気に入りの手ぬぐいで作った巾着を旅行用に使っています。(ともに私物)

HOW TO ▶ P.75

㊹ カフェエプロン

そのままウエストに引っかけるだけでもいいのですが、端っこにテープを縫いつければ、りっぱなカフェエプロンに。エプロンには、横柄の手ぬぐいが最適。(散歩道縞 🏠 に)

45 ヘアバンド

手ぬぐいを頭に巻いて、ヘアバンドのおしゃれを楽しみましょう。前髪を上げて巻けば、洗顔のときにも便利です。好みの幅に折ってから、真ん中で2～3回ねじって、後ろで結ぶだけ。(縞🏠梨)

46 リボンのヘアバンド

結び目を上にしてリボン結びにすると、甘い雰囲気に。柄によって、レトロにもスウィートにもなります。(縞🏠梨)

47 手ぬぐいキャップ

少し縫って作る手ぬぐいキャップ。帽子のようにかぶり、後ろで結ぶだけ。写真のように結び目を内側に入れこんでも。(大福うさぎ🏠鎌)

HOW TO ▶ P.76

㊽ 頭に巻いて

手ぬぐいを広げてかぶり、後ろで結べば、カジュアルな雰囲気に。もちろん、お料理やお掃除のときの三角巾代わりにもなります。（ドット 🏠 I）

「海賊巻き」ともいわれる巻き方。男性なら、眉上あたりまでかぶせたほうがキリリとします。

㊾ ベビースタイ

肌にやさしくて、汚れても手入れが簡単なので、手ぬぐいはベビースタイにぴったり。そのままくるっと赤ちゃんの首に巻くだけでもいいのですが、1枚の手ぬぐいで作ってみました。（キリン 🏠 梨）

HOW TO ▶ P.76

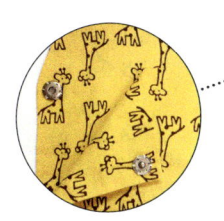

ポケットになるように、ボタンやスナップ、マジックテープをつければ、食べこぼしにも安心です。

㊿ スカーフ ❶

少し長めの縞の手ぬぐいを、細めに折ってから二重に巻いて結ぶと、知的で上品な印象に。和柄にはいろいろな縞があるので、スカーフにぴったり。(私物・やたら縞 🏠濱)

> 手ぬぐいは、長さが出るように少し斜めに折るとよいです。

51 スカーフ❷

スカーフにすると柄がよくわからなくなりますが、その分、色の出具合が楽しいもの。ほおずきの柄を4つに折ってから、前で結んでたらします。（ホオズキ 🏠に）

52 スカーフ❸

1回結ぶときに引き抜かずに止めるだけ。シックな色味で、よく見ると柄がモンブラン！　ぜひ秋に結んでほしいです。（モンブラン 🏠鎌）

53 スカーフ❹

カラフルな豆絞りは、スカーフにとても使いやすいもの。季節に合わせて色を選びたいです。（春色豆絞り 🏠I）

54 スカーフ❺

大きい柄は、結んだときに色の出方がまったく違うのでおもしろい。2つに折って首に巻き、端をしまって、大人っぽい雰囲気に。（月下美人 🏠安）

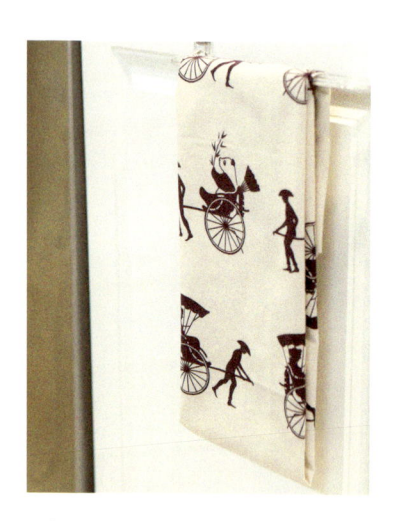

56 ハンカチ代わり

私のバックの中には、ハンカチではなく、つねに手ぬぐいが入っています。大きすぎると思われるかもしれませんが、実際に持ち歩くと、大は小をかねることを実感するはず。（プルトップ 🏠s）

55 手ふきタオル代わり

手ぬぐいの使い方として一番に思いつくのは、「ぬぐう」こと。一度使うと、吸水性と速乾性を実感し、手放せなくなります。（人力車とパンダ 🏠安）

57 浴用タオル代わり

乾きやすい、泡立ちやすい、丈夫で長持ち、かわいい柄でテンションが上がる……と、お風呂でもいいこと尽くめ。肌が弱い人にはとくにオススメです。（布の包装紙 🏠に）

㊳ 手ぬぐい洗顔

必要なものは手ぬぐいと石けんだけ、というシンプルな洗顔方法が古くからありました。続けていくと、角質がとれ、お肌がしっとりつるつるになります。(soiどうぐ 🏠s)

とってもシンプルな白地の手ぬぐいは、お行儀よく器や道具が並んだ柄。

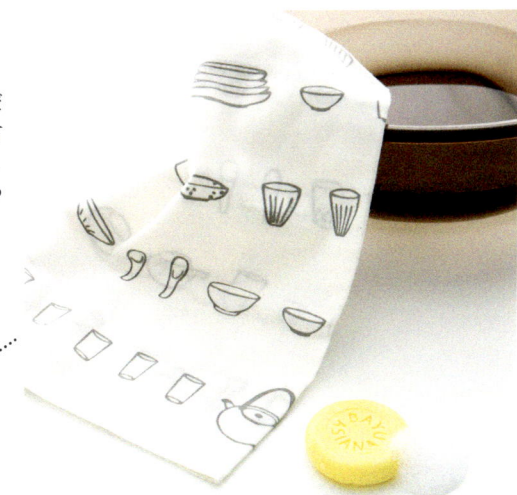

㊴ ペットのおしゃれ

高価なお洋服を何枚もそろえなくても、手ぬぐいペットスタイなら、日替わりでペットのファッションが楽しめます。(左から、苺 🏠梨、さくらんぼ 🏠安)

⑥⓪ 手ぬぐいヨガ

ヨガの先生に、「手ぬぐいヨガ」を教えていただきました。手ぬぐいを使うと、体のかたい人でも無理なくポーズの効果を得ることができるそう。手ぬぐいは肩幅よりも長めに持ってピンと張り、2〜5のポーズは数回くり返します。(ROND 🏠に)

START

1
あぐらで座り、背筋を伸ばす。

2
手ぬぐいを持ち、息を吸いながら両手を上に伸ばす。吐きながら右に傾き、吸いながら真ん中に戻る。反対側も同様に。

3-❶
両手を上に伸ばす。息を吐きながら肩甲骨を寄せ、手が遠くを通るように後ろに回し、吸いながら両手を上に戻す。

3-❷
吐きながら背中を丸めて肩甲骨を広げ、手が遠くを通るように前に回し、吸いながらもとに戻る。

4-❶

右足は伸ばし、左足の裏を右足の太ももの内側につける。手ぬぐいを右足の土踏まずにかけて引き、息を吸いながら背筋を伸ばす。

4-❷

吐きながら、前を向いて背筋を伸ばしたまま、ゆっくりと体を前に倒す。反対側も同様に。

5-❶

足をそろえてひざを立て、手ぬぐいを両足の土踏まずにかける。息を吸いながら、おなかを引き寄せるようにして両足を持ち上げる。

5-❷

吐きながらゆっくりと足をまっすぐ伸ばし、そのままの姿勢で呼吸を続け、しばらくしたら息を吐きながら足を下ろす。

6 FINISH

仰向けになって手と足は自然に開く。手のひらは上に向け、たたんだ手ぬぐいをまぶたに乗せて、自然な呼吸で数分間リラックス。

手ぬぐい図鑑
TENUGUI PICTORIAL BOOK

【お酒とつまみ】

彼にプレゼント

1. Counterback 🏠気
2. らっかせい 🏠I
3. Bear&Beans 🏠鎌
4. 酒は飲んでも飲まれるな 🏠I
5. 今宵の酒 🏠梨
6. 木綿豆腐 🏠て
7. 生ビール 🏠て
8. 太公望 🏠気
9. カーレース 🏠梨
10. PerfectShot 🏠気
11. 自転車 🏠I
12. トランペット 🏠に
13. コーヒーと叔父さん 🏠に
14. 私物
15. Music 🏠麻

No.1　No.2　No.3

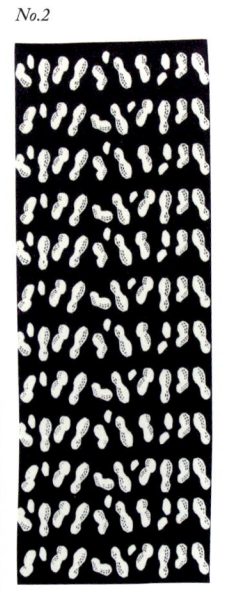

No.4　No.5　No.6　No.7

手ぬぐいでメッセージを贈りましょう。

【趣味いろいろ】

No.8 魚やしかけがいろいろ。釣り好きなあの人に。

No.9

No.10

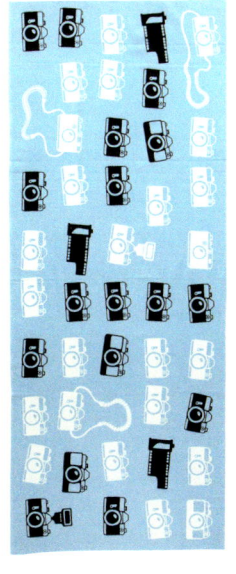

No.11

No.12

No.13

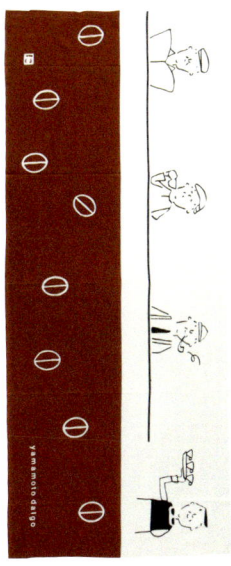

No.14 文房具好きな彼に。

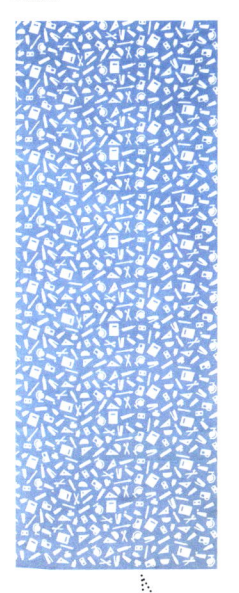

No.15

49

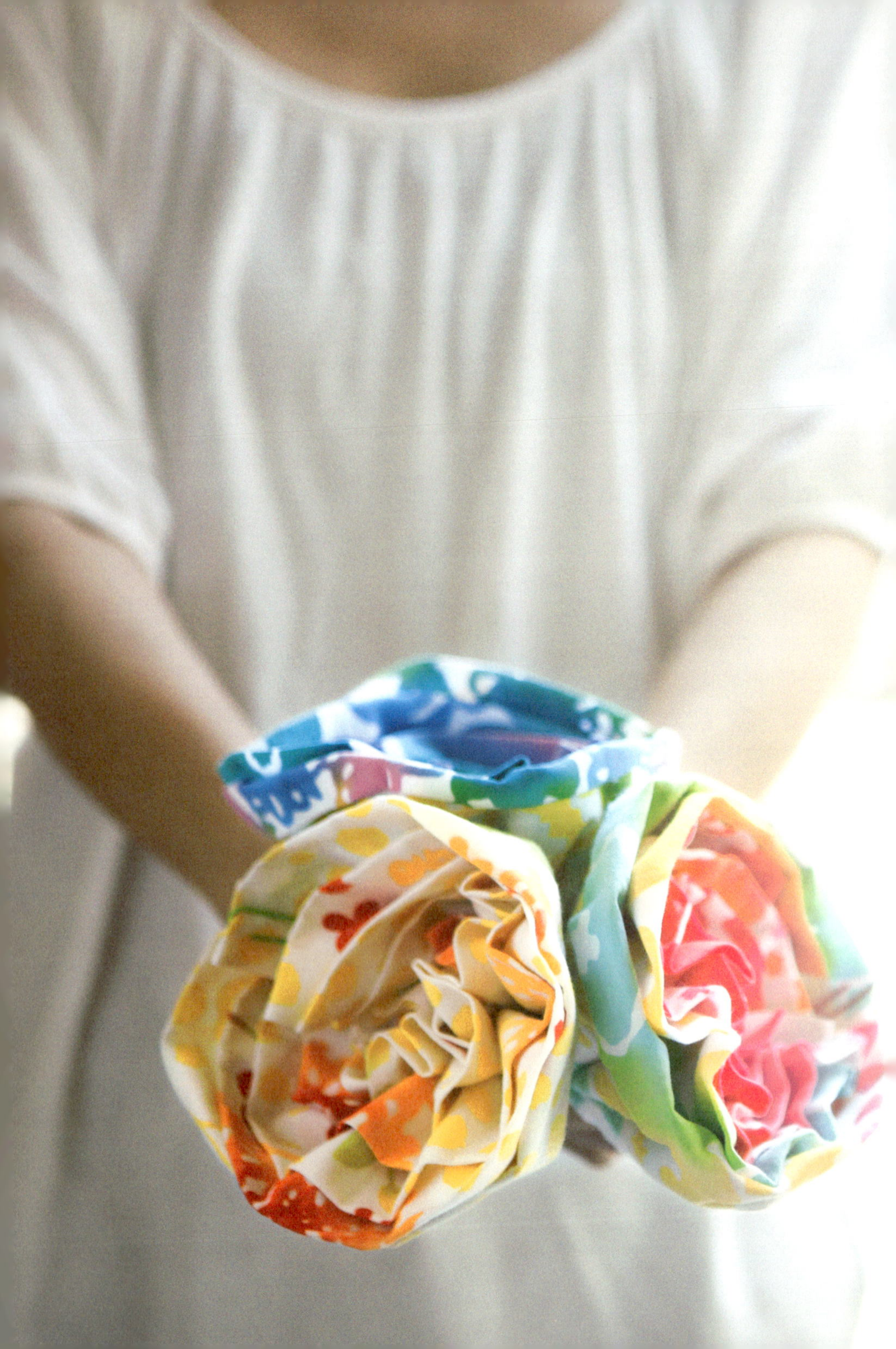

GIFT

贈る

安価で、使い道もいろいろな手ぬぐいは、ちょっとしたプレゼントにぴったり。手ぬぐいを贈ることで、メッセージを伝えたり、手ぬぐいの柄に想いをこめたりすることもできます。

⑥1 手ぬぐい花を贈る

お花を贈りたいと思っても、生花が飾れない場所や環境がある……ということで作られた手ぬぐいのお花は、にじゆらのオリジナル。広げると、一面にお花が散りばめられた1枚の手ぬぐいになります。お祝いやお見舞いに。(花畑オレンジ、花空ピンク、花空青 🏠 に)

62 母の日

手ぬぐいにはお花の柄がたくさんあります。カーネーションだけでなく、お母さんの好きな花を選んでみては？ ちょっと気の利いた折り方にして、お芝居のチケットなどと一緒にプレゼント。（バラ 🏠梨）

HOW TO ▶ P.77

63 父の日

コーヒー好きなお父さんには、コーヒー豆と焙煎豆柄の手ぬぐいをプレゼント。釣り、自転車、野球、ビール、日曜大工……など、お父さんの好きなものや趣味に合わせて柄を選べば、きっと喜んでくれるはず。（焙煎豆 🏠s）

(64) お年賀

昔は、お年賀に手ぬぐいを配る習慣がありました。お正月の縁起のよい柄を選んで、干支飴などと組み合わせて、親戚への年始のご挨拶に、また仕事始めの上司や取引先へのご挨拶にも。(松竹梅 🏠 I)

HOW TO ▶ P.78

(65) 引っ越しのご挨拶

人と人をつなぐ…という意味をこめて電話柄の手ぬぐいを、新居でのご挨拶はもちろん、旧居でお世話になった方や近所の方へも。(黒電話 🏠 I)

(66) ご祝儀袋

除災招福や魔除け、子孫繁栄の縁起のいいひょうたん柄でご祝儀を包み、水引と短冊のしをかけました。手ぬぐいもそのまま使っていただける、エコなご祝儀袋です。(ひょうたん 🏠 I)

HOW TO ▶ P.77

67 出産のお祝い

おむつをかわいい手ぬぐいでくるんでダイパーケーキを作って、出産のお祝いに。ひよこ、キリン、車、くま、いちごなど、ベビー向けの柄もたくさんあります。(上・ひまわり畑 🏠鎌、下・Korea 🏠に)

おむつをくるくる巻いて重ねていき、ひもなどでしっかりとめます。

68 結婚式の席札

2月29日を含む1年366日すべての日にひとつずつデザインされた花個紋。ゲストひとり一人の誕生日に合わせて花個紋が入れられた「席札手ぬぐい」。よくあるペーパーアイテムとは違った、引き出物を兼ねたウェルカムギフトです。366日の花個紋で取り扱っています。(席札手ぬぐい 鶴と七宝)

69 オリジナル手ぬぐい

一からデザインを起こして作るのがオリジナル手ぬぐい。デザインは自分でしても、イメージを伝えてショップにしてもらってもOK。デザイン、大きさ、色数、枚数によってお値段はいろいろです。手ぬぐいが必要な日から、余裕を持って2～3か月前にはショップに相談しましょう。写真は、私のブランド「Kimono Bloom」のオリジナル手ぬぐい。(左から、Retro Garden、Retro Fleur 🏠京)

70 名入れ手ぬぐい

手ぬぐいに名前を入れて、結婚式の引き出物、出産の内祝、お店の開業記念、定年のお祝い、ご年配の方への還暦、古希などのお祝いにも気が利いていてステキ。まず、手ぬぐいを選び、文字の大きさやフォント、名入れの場所を選びます。一般的に10枚くらいから注文できます。お値段は枚数にもよりますが、基本は手ぬぐい代＋型代＋プリント代。気軽に手ぬぐいショップに問い合わせてみましょう。写真は、染の安坊でこれまでに作られた、名入りのオリジナル手ぬぐいです。

●非常持出品●
携帯したいもの
現金（硬貨も）
笛（ホイッスル）
保険証や免許証のコピー・お薬手帳
必要に応じてメガネ・入れ歯
てぬぐい
準備しておくもの
自分で必要なものは、自分でかならず確保しておこう！
ラジオ
ソーラー手回し充電ライトが便利（ケータイ充電器付き）
くつ・スリッパ
夜寝るときもそばに！
赤ちゃんのいる家庭では、ミルク、ほにゅうびん、りにゅう食、おむつ、コットン、おぶいひも、ベビー毛布、ガーゼなどを追加しましょう。
★備蓄品と補充
非常食（3日分）
下着・くつした
大小各種ビニール袋
防災ずきん
ティッシュペーパー・トイレットペーパー
食料品7日分（うち調理不要の非常食3日分）
灯油缶（車冷地）
リュックサック
防水のライター・マッチ
ナイフ・かんきり
マスク
予備の乾電池
食料品や飲み物は、半年に一度は中身をチェック！乾電池も古くなっていないかチェック！補充しましょう。
防災拭い
防災グッズ編
防災拭い
津波編
●津波の知識●
津波は思っているよりも速い
揺れが小さくても油断しない
水深500mでは 新幹線と同等の時速250km!
水深4000mでは ジェット機と同等の時速720km!!
震度3でも38m!
長い揺れには要注意
約5.4km 最も内陸まで
震源が浅くてマグニチュードが大きい地震は津波に警戒を！！
●避難場所の確認●
ふだんから避難場所を確認しておこう。じっさいに避難場所まで歩いてみよう！
津波避難ビル
津波避難場所
●もしものときのお役立ちメモ●
110 警察
119 救急・消防
171 NTT東日本・西日本 災害用伝言ダイヤル
ケータイ ▶ 災害用伝言板 メニューのトップページに表示されます。
※ケータイ各社とも体験サービスを実施しています。
スマートフォン・タブレット ▶ 防災情報 地震速報 気象ニュース など 便利なアプリをダウンロードしておこう！
名前
生年月日
血液型
連絡先
アレルギー
ひなん場所
●日頃の準備●
もしもの時の役割分担や連絡方法、集合場所を話し合っておく。
家族の名前・住所・血液型・ケータイ番号などのカードを作り持ち歩く。
目に付くところに消火器・非常持出品を準備しておく。
転倒防止金具や耐震マットなどで家具を補強・固定する。
広域避難場所
●初期消火●
★消火器の正しい使い方★
1 安全ピン（栓）に指をかけて上に引き抜く。
2 ホースをはずして、火元に向ける。（ホースの先端を持つ）
3 レバーを強く握って噴射し、消火する。
小さな火事でも119番通報。
大きな声で異変を知らせる。
毛布や座布団を使った消火。
天井に火が回ったらすぐに避難。
避難のときはドア、窓を閉める。
●監修：東北大学 今村文彦教授●
年 月 日生
型 RH
近くの公衆電話の場所
●地震のときは●
災害時はラジオなどから、正確な情報収集をして、冷静に的確な行動をしよう
デマに惑わされないこと、パニックにならないことが大切！
★屋内で地震を感じたら
机やテーブルの下に身をかくし、机のあしをもつ。
出口の確保を確認する。
窓やドアを開け、避難ルートを確保する。
あわてて外に飛び出さず、揺れが落ち着くのを待つ。
揺れが落ち着いてから火の始末をする。
家を出るときは電気のブレーカーを「切」にする。
★屋外で地震を感じたら
せまい道や崖ぎわ、塀や川べりには近づかない。
バッグや荷物でガラスなどから頭を守る。
できるだけ広い場所に移動する。
運転中はラジオをつけて正確な情報を受ける。
●避難するときは●

DISASTER PREVENTION & FIRST AID

防災 & 救急

自然災害や緊急時、突然のケガや病気など、いざというときにこそ、手ぬぐいです。震災後、防災バッグを用意されている方も増えたと思いますが、家族の人数×2の手ぬぐいも入れておきましょう。

⑦1 防災拭い

いざというとき、手ぬぐいを活用しようと思っても使い方がわからないかもしれませんね。そんなときのために、防災情報がぎっしり詰まった「防災拭い」を。防災グッズ編（上）、地震編（下）、津波編（中央）の3枚があります。ぼうさいぬぐい.comで取り扱っています。

72 マスク

火災、粉塵、感染症予防にほしくなるのがマスク。しかし、緊急時にマスクが必ず手に入るとは限りません。ハンカチやタオルより結びやすいのは、やっぱり手ぬぐいです。（春さくら 🏠に）

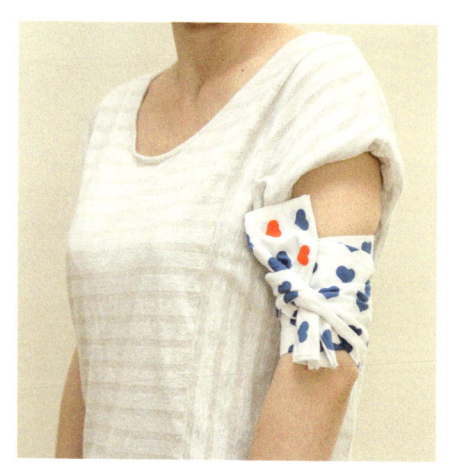

73 包帯

手ぬぐいの端は切りっぱなし。縦に簡単に裂けるし、長さがあるので、救急のときの備えに。（はあとはあと 🏠に）

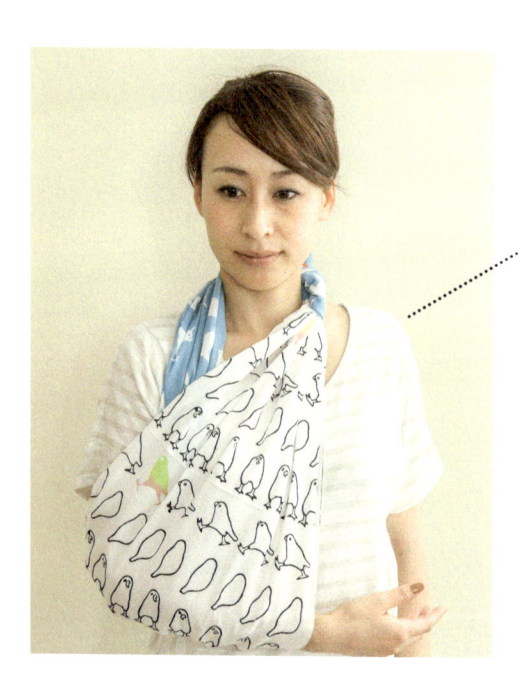

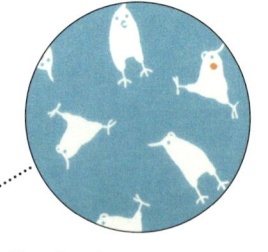

前の手ぬぐいはセキセイインコ、後ろがオカメインコ。キュートな力の抜け具合が、鳥好きにはたまらない！（後ろ・オカメインコチラシ 🏠鎌）

74 三角巾

手ぬぐいが2枚あれば、骨折してしまったときの固定ができます。日頃からバッグに2枚手ぬぐいを。（背黄青インコ 🏠鎌）

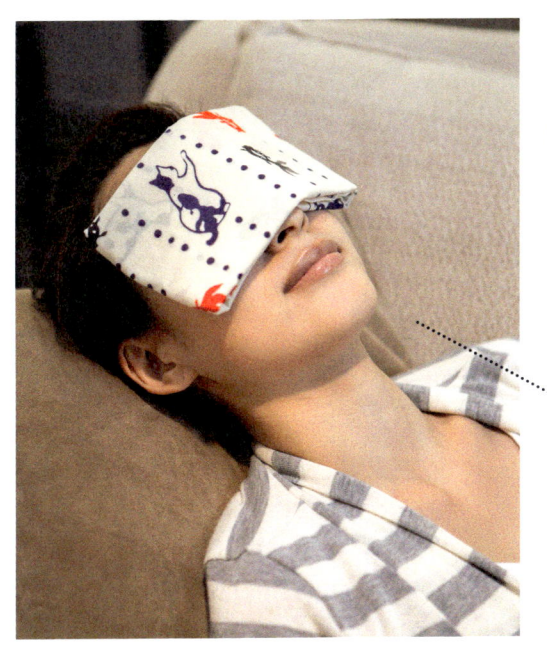

75 アイピローケース

小豆とラベンダーなどのドライハーブを入れて作ったヌードアイピローを、手ぬぐいでくるんで。(ぶち金魚 🏠気)

> ぶち猫が金魚をねらっています。猫のぶち模様は、よく見ると金魚。

77 保冷剤を巻く

発熱時や夏の熱帯夜に、保冷剤は大活躍。タオルだと冷たさがいまひとつ伝わりにくいですが、絶妙な薄さの手ぬぐいなら、表面の結露で濡れてくるのを防ぎつつ、ひんやり感を満喫できます。(アイスクリーム 🏠鎌)

76 携帯用カイロを巻く

直接肌に貼れないカイロは、手ぬぐいで作ったポケットに収納して持ち歩きましょう。低温やけど予防に。(リボンハート 🏠安)

手ぬぐい図鑑
TENUGUI PICTORIAL BOOK

縁起もの

1. 守宮（やもり）🏠安
2. おみくじ 🏠梨
3. めでたい 🏠鎌
4. 願い事、叶いますように 🏠鎌
5. 福助 🏠気
6. 福々蛙 🏠気
7. 猫手まねき 🏠気

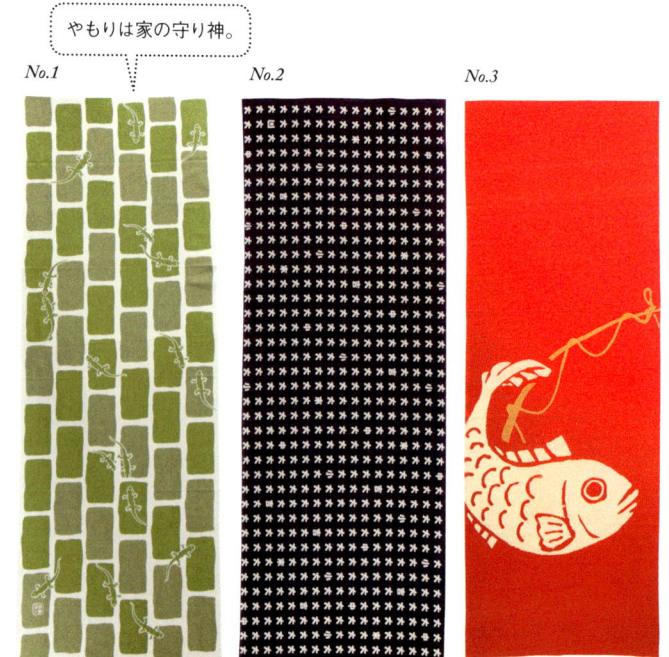

No.1 — やもりは家の守り神。

No.2

No.3

No.4

No.5

No.6

No.7

結び文の「願い事」、□と十で「叶」、枡は「ます」。

面白もの

- 妙なる音色 🏠気
- 準備体操 🏠安
- パンダ運動中 🏠I
- 七転び八起き 🏠I
- 私物
- お祭り騒ぎ 🏠気
- 私物

No.1

No.2

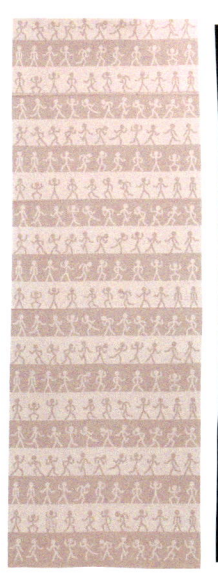

No.3

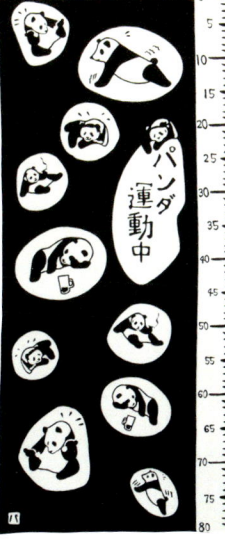

No.4

No.5

No.6

No.7

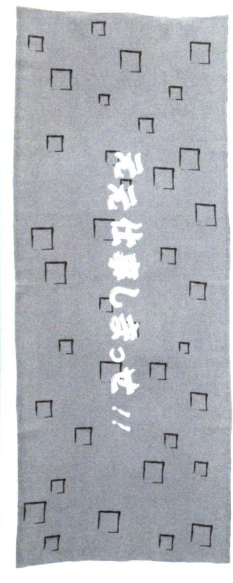

RINKO KIMINO

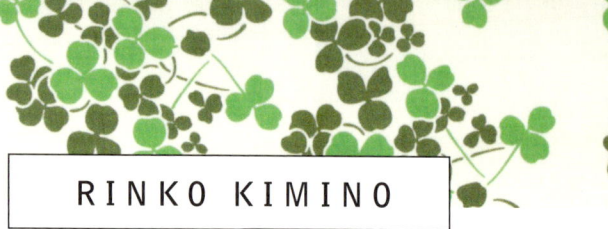

君野倫子的使い方

娘が生まれたのをきっかけに手ぬぐいを使い始め、かれこれ18年くらいのつきあいになります。今では、手ぬぐいは私の生活になくてはならないもの。あらためて、どんな使い方をしてきたか、またしているか、振り返ってみたいと思います。

78 子育てに

娘が肌が弱かったため、沐浴に使ったのがきっかけでした。つねに手ぬぐいは持ち歩き、スタイ代わりに、帽子代わりに、出先で泥遊び、水遊びをしてしまったとき、おむつを忘れてしまったときなど、あらゆる非常事態に助けられました。(左から、乗り物GO! GO! 🏠麻、汽車ぽっぽ🏠梨)

79 雨の日に

雨の日には、ぬれた頭や身体、かばんなどをふくのに、いつもより1枚余分に持っていきます。ぬれた傘を閉じてバスや電車に乗りこんだら、まずさっとひとふき。雨の日の必需品です。(左から、水滴🏠s、すずみ🏠に)

80 旅行に

旅行には、多めの手ぬぐいを準備します。ホテルなどで手洗いして干しておけば、次の朝には乾いてしまうので便利。また、スーツケースの中で、小さいものをくるんだりするのにも使っています。(左から、大仏小紋 🏠鎌、あじさい寺 🏠鎌、静岡の景色-春の霞 🏠て)

81 着物に

一番よく使うのは、食事のときに帯にひっかけてナプキン代わりに。その他、普段着物の半衿にも使いますし、長襦袢の替え袖を作ったり、長めの手ぬぐいを帯揚げにしたりもします。急に雨に降られたときには、さっと帯の上からかぶせて帯を守ります。(blossom 🏠に)

82 歌舞伎に

歌舞伎に行くときは、ひいきの役者さんの家紋やゆかりの柄の手ぬぐいを持っていきます。それだけのことで、ただ観に行くだけでない楽しさが感じられます。もちろん、お弁当のときにひざに広げたり、冷房除けにも欠かせません。(手前は鼠小僧 🏠麻、ほかは私物)

83 小物を手作り

マイ箸入れ、コースター、ティーマットなど、手ぬぐいは小さめのものを作るのに最適。ファブリックとしても楽しんでいます。（私物・箸入れはクローバー 🏠梨、ティーマットは八重菊、コースターはツリー、枝豆 🏠濱）

84 コレクションして楽しむ

何枚あっても、ついつい増えていってしまいます。とくに、限定商品やイベントのノベルティなどには目がありません。（すべて私物）

85 最後は雑巾に

使えば使うほど、しなやかで風合いが良くなってきます。使っているうちにどんどん愛着もわいてきます。そんな手ぬぐいの最後は、ちくちくぬって台ふきんや雑巾にします。（私物）

知っておきたい手ぬぐいのこと

① 歴史

　手ぬぐいの歴史は古く、奈良時代の文献に登場するそうです。もともとは神事の儀礼装飾具として、身体や器具を清めるため使われていました。平安時代には庶民は麻、貴族は絹を使うことが定められ、木綿は輸入品で高価なものでした。

　江戸時代に入り、日本各地で綿の栽培がさかんになると、庶民の手に届くものになり、日常に欠かせない生活必需品となりました。江戸中期には歌舞伎の発展とともに、役者がデザインした柄が流行したり、「手拭合わせ」というデザインを競う品評会が開かれたりと、実用性だけでなく、おしゃれな小間物として庶民文化に浸透していきました。

　明治時代に入ると「注染（ちゅうせん）」という染色方法が生まれ、昭和期には、どこの家庭でも手ぬぐいが見られるほど一般的になっていきました。

② 染色のこと

　手ぬぐいのほとんどが、「注染」か、「捺染（なっせん）」という方法で染められています。

　注染は明治後半に生まれた染色法で、何枚も重ねた生地の上から染料を注ぐので、表裏が同じように染まります。機械ではなく、すべて職人の手作業で行うため1枚1枚微妙に違い、にじみや濃淡が出るのが味で、使うたびに風合いが増すところも人気です。

　現在は、注染の工場の数も職人の数も減り、存続が厳しいといわれている伝統産業のひとつでもあります。

　これに対し、1色に対して型を1枚使い、台に生地を張って、丁寧に染料を刷りこんでいく方法が捺染です。

　柄を細い線で描いたり、柄の輪郭にこだわったり、色数も多く扱えるので、複雑な柄もくっきりと再現できるところが魅力。表裏が出ますが、丁寧に作られたものは裏まで浸透しています。一般的に、捺染は注染よりも色落ちしにくいのが特徴です。

知っておきたい手ぬぐいのこと

③ サイズ

メーカーによって多少違いますが、一般的な大きさは幅約33〜34㎝、長さ約90㎝です。剣道用や踊り用は、約100㎝の長尺になります。

④ お手入れ

たっぷりの水で手洗いし、手で伸ばして整え、風通しのよいところに干します。
＜注意するポイント＞
・お湯を使うと染料がにじみ出てくることがありますので、水を使いましょう。
・染めものなので、色落ちします。とくに最初の2〜3回は染料が落ち着くまで色落ちしますので、ほかの洗濯物と分けて洗いましょう。
・漂白剤入りの洗剤、アルカリ性の強い洗剤を使うと激しく色落ちすることがあるので避けましょう。

⑤ 端っこの処理

手ぬぐいの端が切りっぱなしなのは、もともと江戸時代には手ぬぐいが切り売りされていたことが背景となっているようです。
　端を縫っていないので、雑菌がたまることなく衛生的で乾きが早いのです。また、縫っていないからこそ、結んだり切ったりといった使い方ができるのです。
　新品の手ぬぐいは、最初のうちは洗濯するたびに両端がほつれてきますが、ほつれた糸だけ切りましょう。何度か洗っているうちに自然に止まります。

HOW TO

＊小物を手作りする場合、端のほつれが気になる方は、最初に端の始末をしてください。

no.1　ファブリックパネル　p.6

1. 手ぬぐいよりひと回り小さい発泡スチロールパネルを用意する。

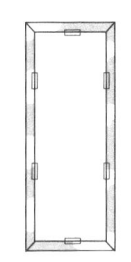

2. 手ぬぐいをかぶせて、しわを伸ばしながら引っ張り、両面テープなどでとめる。

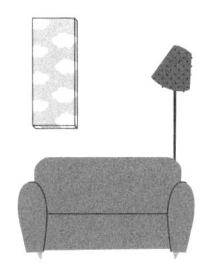

3. 強力両面テープや押しピンなどで壁にとめて、できあがり。

no.6　簡単手作りのれん　p.11

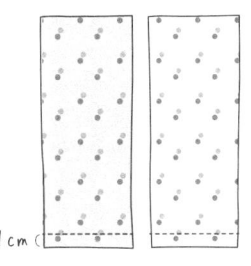

1. 手ぬぐいを2枚用意し、気になる人は、一方の端の始末をする。

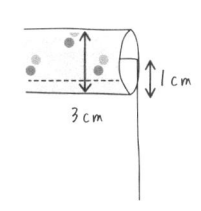

2. 三つ折にし、突っ張り棒の通し口を輪にしてぬう。

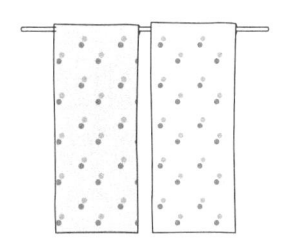

3. 通し口に突っ張り棒を通してできあがり（手ぬぐいの上部を15cmほどぬい合わせると、よりのれんらしくなります）。

no.8 ランプシェード p.12

1. 手ぬぐいの端をテープでランプのかさにとめ、かさの長さに合わせて上下を折りこみながら、巻く。

2. 上部にひだを寄せながら、できるだけ曲がらないように巻き、端は1cm折りこんで両面テープで止める。

3. かさをランプに取りつけてできあがり。

no.17 テーブルコーディネートのナプキン p.19

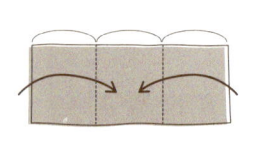

1. 手ぬぐいを3つ折りにし、正方形になるように調整する。

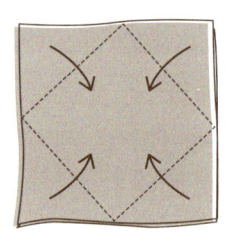

2. 4つの角をすべて内側に折る。

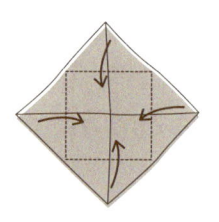

3. さらに4つの角を内側に折る。

4. くずれないように注意してひっくり返し、4つの角を内側に折る。

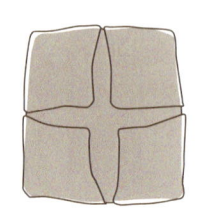

5. もう一度、ひっくり返す。

6. 中心を手で押さえながら、浮いている4つの角を外側に開く。

7. できあがり。

no.19　ナプキン①　p.21

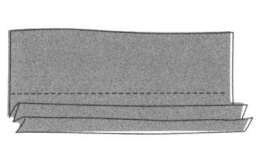

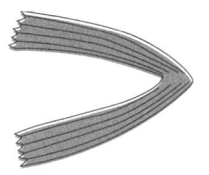

1. 手ぬぐいの長いほうを蛇腹に折る。

2. 2つに折り重ねる。

3. 根本部分を1〜2回ねじる。

4. グラスに入れて、扇のように広げる。

no.20　ナプキン②　p.21

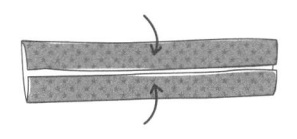

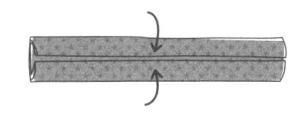

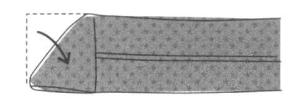

1. 手ぬぐいの長いほうの上下を、中心に向かって折る。

2. 上下をさらに中心に向かって折る。

3. 一方の端を三角に折る。

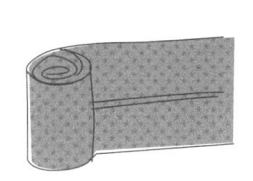

4. 三角部分を芯にして、きつめにくるくると巻いていく。

5. カップに入れてできあがり。

no.21　テーブルナプキン③　p.21

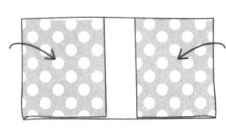

1. お皿の幅に合わせて手ぬぐいの両端を折る。

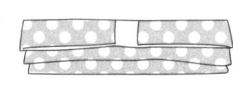

2. 長いほうを蛇腹に折る。

3. 真ん中で結ぶ。

4. 両端を広げてできあがり。

no.26　カトラリーケース　p.26

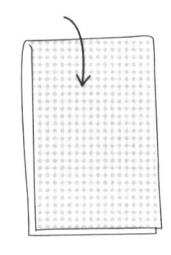

1. 手ぬぐいを2つ折りにする。

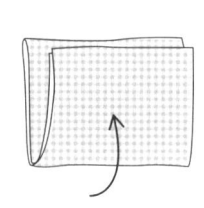

2. さらに2つに折って、端を折り上げる。

3. カトラリーの長さに合わせて、端部分を内側に折りこむ。

4. カトラリーの幅に合わせて、左右を後ろへ折りこむ。

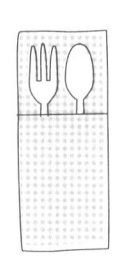

5. できあがり。

no.30　花包み　p.30

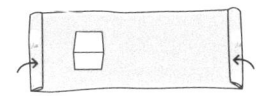

1. 包むものを真ん中よりやや左側に置き、両端を2回折る。

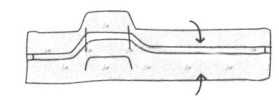

2. 上下を、包むものに沿って折る。

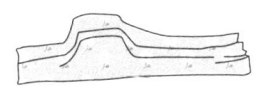

3. 右端をつまんで蛇腹に折る。

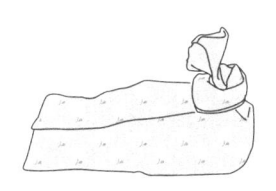

4. 右側の長いほうで、ゆるく結び目を作る。

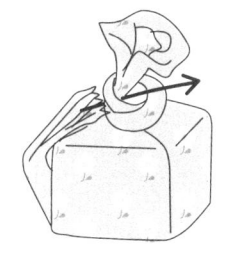

5. 左端をつまんで蛇腹に折り、4.の結び目に通す。

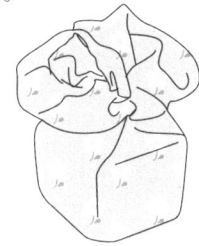

6. 花びらのように開いて形を整え、できあがり。

no.31　フルーツ包み　p.30

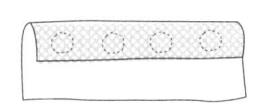

1. フルーツ（丸いもの）を4個くらい、等間隔に並べ、くるくると巻く。

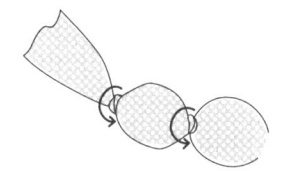

2. 端をしっかりと持ち、1個ずつ同じ方向へねじる。

3. 端同士を結んでできあがり。

no.35　ボトル2本包み　p.31

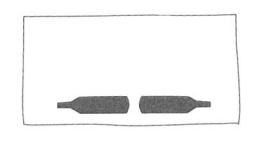

1. 長めの手ぬぐいを広げ、手前側に少し間をあけてボトルを2本並べる。ワインボトルの場合は、斜めに置いて、手ぬぐいを長くして使う。

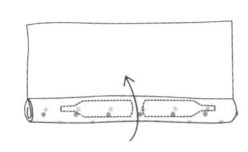

2. くるくると巻く。

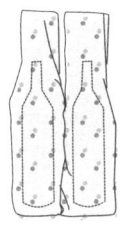

3. 真ん中を手で押さえながらボトルを立てる。

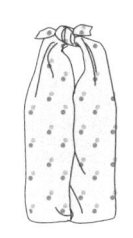

4. 上部を結んでできあがり。

71

no.33　ボトル包み①　p.31

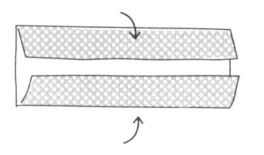

1. 手ぬぐいの長いほうの上下を、中心に向かって折る。

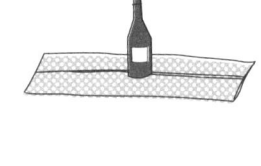

2. 真ん中にボトルを立てて置く。

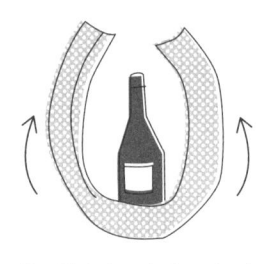

3. 手ぬぐいを上に上げる。底部分はボトルの丸みに沿って折りこみ、形を整える。

4. 上部の余っている部分を、ボトルに沿って折る。

5. リボンなどで結んでできあがり。

no.34　ボトル包み②　p.31

1. 手ぬぐいの半分よりも下の位置に、ボトルを寝かせて置く。

2. 手ぬぐいを、ボトルネックのところまで下からかぶせる。

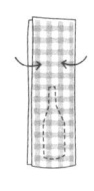

3. 左右を折りたたんでボトルを包む。

4. ボトルを立て、上部の余っている部分をねじる。

5. ねじった部分をボトルネックに巻きつけて結ぶ。

6. できあがり。リボンを結んだり、結び目にお花などを飾ってもステキ。

no.37　2個包み　p.32

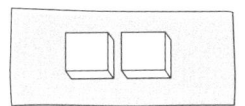

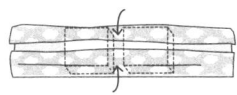

1. 包むものを、真ん中に、少し間隔をあけて置く。

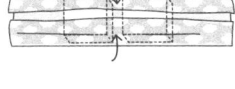

2. 上下を、包むものに沿って折る。

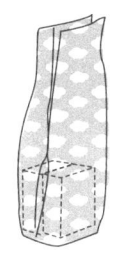

3. 真ん中を手で押さえながら、包むものを立てる。

4. 上部を結んでできあがり。

no.38　ポケットティッシュカバー　p.32

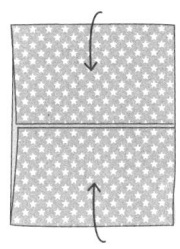

1. 手ぬぐいの上下を中心に向かって折る。

2. 下端の中央にポケットティッシュを置き、上端がティッシュの上部分にくるように折る。

3. ティッシュを上にずらし、ティッシュの半分の位置まで下端を折り上げる。このとき、上部に1cmほど重ねる。

4. ひっくり返す。

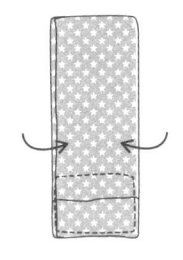

5. ティッシュの幅に合わせて左右を折る。

6. 再びひっくり返し、ティッシュに合わせて上部を折る。

7. 余った部分を中に折りこむ。

8. できあがり。

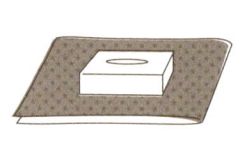

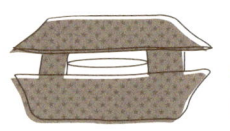

no.39 ティッシュボックスカバー p.32

1. 手ぬぐいを2つ折りにし、真ん中にティッシュボックスを置く。

2. ボックスに沿って、左右を折り上げる。

3. ボックスに沿って、奥と手前を折り上げる。

4. 両端を結んでできあがり。

no.40 ブックカバー p.33

1. 本の幅に合わせて手ぬぐいを折り、長さを調整する。

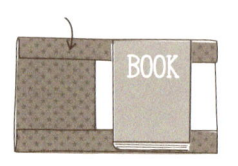

2. 本の高さに合わせて手ぬぐいを折り、上下を調整する。

3. 左端を好みの長さに折り、袋状になったところに本の表紙を挟みこむ。

4. 本の幅に合わせて、右端も同じように折り、表紙を挟みこんでできあがり。

no.42 あづま袋 p.38

1. 手ぬぐいの表を上にして広げ、図の★と★、♥と♥をぬう。

2. ひっくり返し、持ち手を結んでできあがり。

no.41 トートバッグ p.36

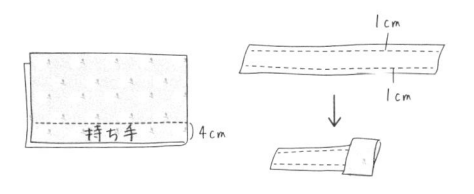

1. 手ぬぐいは2枚用意する（表布用と裏布用）。2枚とも2つ折りにし、持ち手になる部分を4本切り取る。

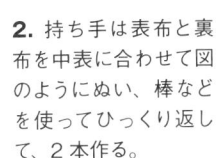

2. 持ち手は表布と裏布を中表に合わせて図のようにぬい、棒などを使ってひっくり返して、2本作る。

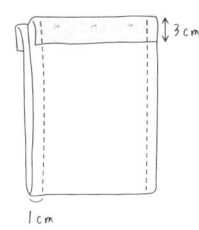

3. 2枚の手ぬぐいをそれぞれ中表にして2つ折りにし、上部を3cm折って両端をぬう。

4. 表布用の袋はひっくり返す。裏布用はそのまま。

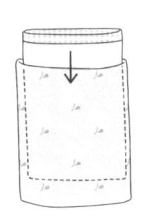

5. 表布用の袋の中に、裏布用の袋を入れる。

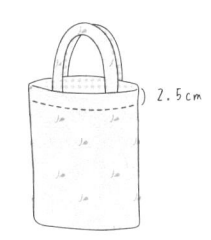

6. 2本の持ち手を表布と裏布の間に挟み、上から2.5cmのところをしっかりぬい合わせる。

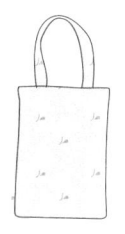

7. できあがり。

no.43 巾着袋 | p38

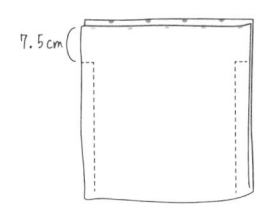

1. 手ぬぐいを中表にして2つ折りにし、両端を上部を7.5cmあけてぬう。

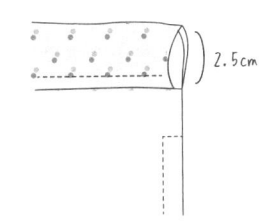

2. ひも通し口をぬう。上から5cmのところで折り、さらに2.5cmのところで内側に折りこんで輪にしてぬう。

3. 表に返し、ひもを2本通してできあがり。

no.47 手ぬぐいキャップ p.40

1. 手ぬぐいを図のように折り、点線部分をぬう。

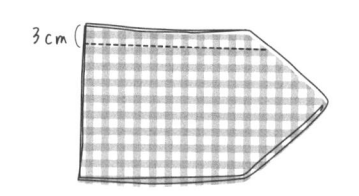

2. ♥と♥を重ねて3cm下をぬう。ひっくり返してかぶり、端同士を結ぶ。

no.49 ベビースタイ p.41

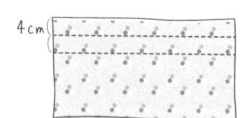

1. ひもになる部分を切り取る。

2. 1で切ったひも2本は、それぞれ中表にして1cmのところでぬい、棒などを使ってひっくり返す。

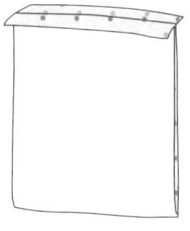

3. 残りの手ぬぐいを中表にして折り、上から1cmのところで折ってアイロンをかける。

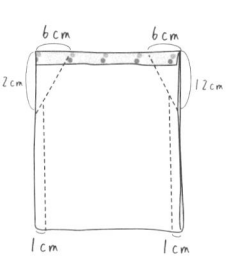

4. 点線部分をぬって表に返す。

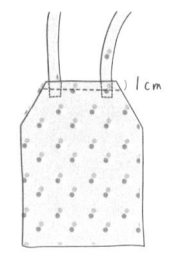

5. 2で作ったひもを差しこみ、ぬってとじる。

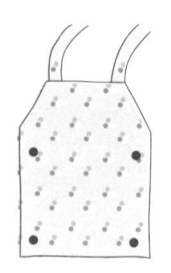

6. 子どもの身長に合わせて調節できるよう、マジックテープまたはスナップボタンをつける。

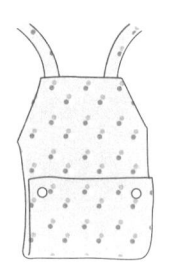

7. 好みで飾りボタンをつけて、できあがり。

no.62 母の日手ぬぐい p.52

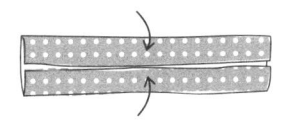

1. 手ぬぐいの長いほうの上下を、中心に向かって折る。

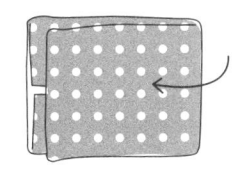

2. 縦に2つ折りにする。

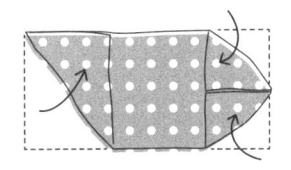

3. 右側の上下の角を三角に折る。左側は、上に向けて三角に折る。

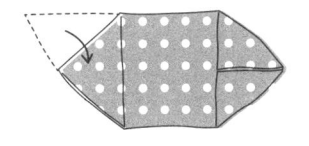

4. 左側の三角を再度折る。

5. 右側が上にくるようにして、右・左とも三角部分を内側に折ってできあがり。

no.66 ●ご祝儀袋 p.53

1. 水引き、のし紙、お金を入れる封筒を用意する。手ぬぐいを2つ折りにする。

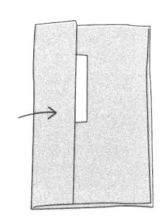

2. 封筒を中央よりやや左上に置き、手ぬぐいの端が少し出るくらいのところで、封筒に沿って手ぬぐいを折る。

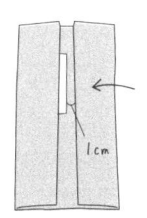

3. 封筒より1cm離れたところまで、右側を折る。

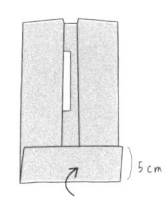

4. 下端を5cm折り上げる。

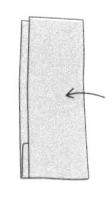

5. 封筒に沿って右側を折る。このとき、左側を全部覆わないように注意。

6. 封筒に沿って上下を折る。上側が下になるように注意。

7. 水引とのし紙を通してできあがり。水引、のし紙、封筒は既成のご祝儀袋のものを使うとラク。

no.64　お年賀手ぬぐい　p.53

1. 手ぬぐいは上に向かって2つ折りにする。

2. 上部を三角に折る。

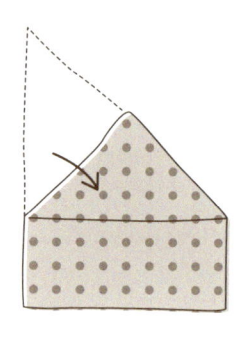

3. もう一度、三角に折る。

4. てっぺんの三角を内側に折る。

5. 下の部分を、三角の底辺に合わせて折り上げる。

6. 下の部分を2cmほど折り上げ、三角の頂点を中に入れる。

7. ひっくり返して、左側に小さな三角が出る位置で折る。

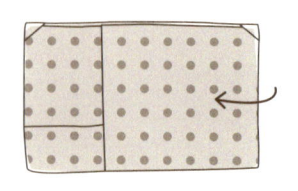

8. 7と同じように、右側も小さな三角が出る位置で折る。

9. ひっくり返してできあがり。

問い合わせ先

IKS COLLECTION（榎本株式会社）
静岡県浜松市中区砂山町329-4（本社）
TEL 053-458-3710
http://www.rakuten.ne.jp/gold/iks/

麻布十番 麻の葉
東京都港区麻布十番1-5-24　桜井ビル1F
TEL 03-3405-0161
http://www.artsou.co.jp

nugoo 拭う鎌倉
神奈川県鎌倉市小町2-10-12
TEL 0467-22-4448
http://www.grap.co.jp/nugoo

気音間（宮本株式会社）
東京都渋谷区神宮前5-11-11-2F
（JIKAN STYLE本店）
TEL 03-3797-3621
http://www.jikan-style.net

京朋株式会社
TEL 075-222-1211
http://yuugi-life.jp

soi
東京都台東区西浅草3-25-11 合羽橋珈琲2F
TEL 03-6802-7723
http://www.soi-2.jp/

染の安坊
東京都台東区浅草1丁目21-12
TEL 03-5806-4446
http://www.anbo.jp/

てぬコレ
http://www.tenukore.com/

にじゆら（株式会社ナカニ）
大阪府堺市中区毛穴町338-6
TEL 072-271-1294
http://www.nijiyura.jp/hpgen/topmenu.html

濱文様（株式会社ケイス）
神奈川県横浜市港南区港南中央通り8-22
TEL 045-848-1382
http://www.hamamonyo.jp/

梨園染（戸田屋商店）
東京都中央区日本橋堀留町2-1-11
TEL 03-3661-9566
http://www.rienzome.co.jp/

・・・・・・・・・・・・・・・・・・・・・・・・・・・・・・

366日の花個紋
http://www.hanakomon.jp/

ぼうさいぬぐい.com（有限会社クワン こしぇる工房アッド）
http://www.bousainugui.com/

STAFF

デザイン	佐久間麻理 (3Bears)
撮影	松林智子、寺岡みゆき
スタイリング・小物制作	古賀史美、君野倫子
ヨガ指導・モデル	堀内奈未
イラスト	碇優子

＊本書の制作にあたり、手ぬぐいのショップやメーカーの皆様に大変お世話になりました。この場を借りて心よりお礼申し上げます。

手ぬぐいスタイルブック
～かわいくて楽しい85の使い方～

著者	君野倫子
発行	株式会社 二見書房
	東京都千代田区三崎町2-18-11
	電話　03(3515)2311 [営業]
	03(3515)2313 [編集]
	振替　00170-4-2639
印刷	株式会社 堀内印刷所
製本	株式会社 村上製本所

©Rinko Kimino 2014, Printed in Japan
落丁・乱丁本はお取り替えいたします。
定価・発行日はカバーに表示してあります。
ISBN 978-4-576-14071-1
http://www.futami.co.jp